Jemal Ahmed
Kassa Amare

Etiologia geológica e saúde humana

Jemal Ahmed
Kassa Amare

Etiologia geológica e saúde humana

Investigações geoquímicas de rochas basais de baixo grau: implicações para a saúde humana

ScienciaScripts

Imprint

Any brand names and product names mentioned in this book are subject to trademark, brand or patent protection and are trademarks or registered trademarks of their respective holders. The use of brand names, product names, common names, trade names, product descriptions etc. even without a particular marking in this work is in no way to be construed to mean that such names may be regarded as unrestricted in respect of trademark and brand protection legislation and could thus be used by anyone.

Cover image: www.ingimage.com

This book is a translation from the original published under ISBN 978-3-659-69021-1.

Publisher:
Sciencia Scripts
is a trademark of
Dodo Books Indian Ocean Ltd. and OmniScriptum S.R.L publishing group

120 High Road, East Finchley, London, N2 9ED, United Kingdom
Str. Armeneasca 28/1, office 1, Chisinau MD-2012, Republic of Moldova, Europe
Printed at: see last page
ISBN: 978-620-7-71544-2

Conteúdo

RECONHECIMENTO

Este trabalho foi apoiado financeiramente pela Universidade de Mekelle - MU-ULD - projeto sobre doenças relacionadas com o fígado na área de Shire e é reconhecido com gratidão. Os comentários construtivos e úteis de Kassa Amare (Dr.) e Beheemalingeswara (Prof.) foram muito apreciados.

Muito obrigado a outras pessoas que me ajudaram neste trabalho, mas que preferem não ter os seus nomes registados, especialmente aos habitantes da zona de Mai - Hanse, pela sua hospitalidade, conhecimentos e participação na investigação.

Capítulo 1

1. INTRODUÇÃO

1.1 Introdução geral

O aumento do número de doentes com doenças relacionadas com o fígado na região noroeste da Etiópia tem sido uma questão de saúde ambiental de interesse nacional. Uma vez que a doença se restringe a um terreno geográfico específico, particularmente à zona de Shire, a zona seca do noroeste do país, são necessários estudos de investigação pormenorizados para identificar a possível etiologia e os factores de risco. A preocupação com a saúde dos residentes do norte da Etiópia - zona de Shire - tem vindo a aumentar nos últimos anos. Os profissionais de saúde e o público em geral têm observado as pessoas a adoecerem com uma variedade de doenças, sobretudo doenças relacionadas com o fígado. Foi noticiado que as pessoas da região de Shire estavam a morrer de uma nova doença caracterizada por "Gua Kua" (estômago inchado). Entrevistas com a população local indicaram que as doenças relacionadas com o fígado foram identificadas na área desde 1980; cerca de 70 pessoas ou mais morreram até à data. Os homens e as mulheres foram igualmente afectados e as crianças com idades compreendidas entre os 7 e os 15 anos parecem ser as mais susceptíveis. Com o tempo, a taxa de doença aumentou e afectou mais pessoas.

Na área de estudo existem sítios de extração de ouro artesanal abandonados e em curso. Há muito tempo que muitas pessoas andam a garimpar ouro com operações manuais e há muitos ribeiros intermitentes na zona, nos quais a drenagem dos locais de extração de ouro corre para os rios principais, o que pode ter levado muitas pessoas a perguntar se as doenças na comunidade têm uma causa ambiental.

Há uma série de doenças que se provou estarem ligadas às características geoquímicas do ambiente (Fergusson, 1990). Exemplos bem conhecidos são: a doença cardíaca degenerativa endémica na China, conhecida como doença de Keshan, foi atribuída à deficiência de selénio (Yang, 1995). Doença renal no Sri Lanka, onde o elevado teor de flúor na água potável foi considerado como possível fator de risco (Dissanayake, 1991). O envenenamento por arsénico no Bangladesh, causado pela elevada concentração de arsénico no aquífero, é o problema mais grave de arsénico no mundo (Smedly, 1995). Os estudos das relações causais

- consecutivas entre a geoquímica e a saúde humana são muito complexos e objeto de muitas investigações (Kuttle, 2004).

Para a proteção e conservação dos recursos hídricos na área de estudo, é importante caraterizar a qualidade da água. A contaminação das águas subterrâneas com arsénico, fluoreto e nitrato representa recentemente um grave risco para a saúde de um grande número de comunidades em todo o mundo (Santra, 2001). Uma vez que os sedimentos e as partículas em suspensão são importantes repositórios de metais vestigiais como o crómio, o cobre, o molibdénio, o cobalto e o manganês, o estudo dos sedimentos do ambiente é também vital para a caraterização da qualidade do ambiente dos locais de extração artesanal de ouro na área de estudo e nas suas imediações.

As concentrações de oligoelementos na água natural variam muito, dependendo da geoquímica das rochas no ambiente imediato. As interacções da água e das plantas com as rochas (e os solos desenvolvidos a partir delas) ditam a nossa ingestão destes elementos (Dissanayake, 1991). Assim, o conhecimento dos tipos de rocha numa determinada área pode ajudar a descobrir potenciais problemas de saúde relacionados com a concentração de determinados elementos.

1.2 Localização e acessibilidade

A área de estudo situa-se a cerca de 355 km a noroeste de Mekelle, no estado nacional de Tigray, no norte da Etiópia. Geograficamente, situa-se a 1550000 - 1570000m (14° 01' 12" a 14° 11' 54") de latitudes norte e 370000 - 390000m (37° 47' 48" a 37° 58' 54") de longitudes leste (Fig. 1.1). O acesso à área de estudo é possível através da estrada desgastada que liga a cidade de Shire à área de estudo.

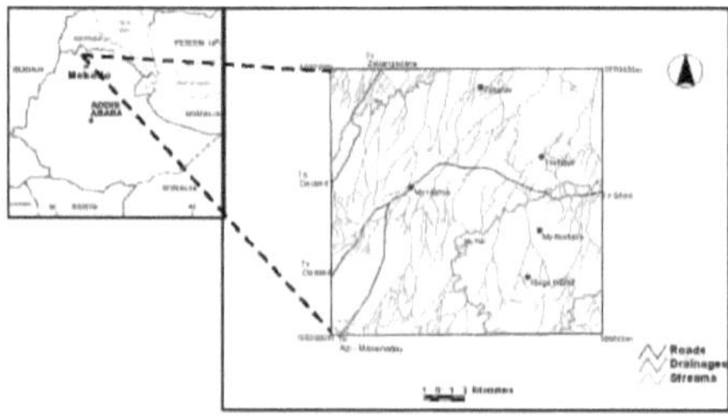

Figura 1.1 Mapa de localização da sub-bacia hidrográfica de Asgede Tsimbla.

1.3 Fisiografia e clima

A área de estudo é geralmente caracterizada por uma topografia acidentada nas suas partes sul e oeste. Tem uma topografia geral que diminui de nordeste para sudoeste. Os metavulcânicos e metagranitos ocupam geralmente as terras altas, enquanto os metassedimentos predominam nos vales dos rios. A altitude varia de 1340 a 860 metros acima do nível do mar. Os cursos de água são intermitentes e drenam frequentemente na direção sudoeste. O padrão de drenagem é sub-dendrítico a dendrítico bem desenvolvido. Os principais cursos de água na área de estudo são: - Mai - Hammar, Mai - Teli, Mai - Weyle, Sembel e Fesfesay.

Climaticamente, a área é de clima semi-árido a árido. A temperatura média anual para a região varia geralmente entre 24 - 29°c (Agência Nacional de Serviços Meteorológicos, 2008). Os registos obtidos mostram máximos de temperatura entre 37 e 40°c e mínimos de 15 a 19°c. novembro e dezembro são os meses mais frios.

Há duas estações chuvosas: - junho - setembro, sendo a precipitação sazonal mais elevada durante o inverno ("Keremt") de 500 mm e a precipitação sazonal mais baixa no outono ("belge") - entre fevereiro e abril - de cerca de 25 mm (Agência Nacional dos Serviços Meteorológicos, 2008).

1.4 Assentamento humano

Em geral, pode dizer-se que a zona é pouco povoada e que a densidade populacional varia de local para local. As cidades e aldeias povoadas mais próximas são: - Dedebit (17 km a sudoeste da cidade de Mai-Hanse - centro do nosso estudo - com uma população de 4 787 habitantes), Adimohameday (18 km a sudoeste de Mai-Hanse com uma população de 6 302 habitantes), Kisadgaba (26 km a nordeste da cidade com uma população de 6 667 habitantes), a aldeia de Hitsats (15 km a sudeste da cidade de Mai-Hanse com uma população de 5 387 habitantes) e Mai Hanse (com uma população de 7 444 habitantes), (Comunicação pessoal com administradores locais, 2010).

1.5 Estudos anteriores

Os trabalhos geológicos preliminares, tais como a identificação e a descrição da ocorrência de rochas sedimentares de vulcão Meta de baixo grau e mapas geológicos, foram efectuados por investigadores anteriores (Beyth, 1971; Kazmin, 1972; Shakelton, 1994 e Tadesse 1997).

A Ashanti Gold Field Exploration, em conjunto com o seu parceiro Ezana Mining Development PLC, efectuou trabalhos de exploração mineral abrangentes e sistemáticos, incluindo cartografia geológica, geoquímica de sedimentos de correntes, levantamento de solos e rochas e trabalhos de escavação (Ashanti Gold Field, 1998).

A Ezana Mining Plc (Ezana, 1997) tem levado a cabo extensas actividades de exploração de mineralização de ouro e metais de base na área de estudo e nas suas imediações.

Em 2006, o Gabinete Regional de Saúde de Tigay enviou forças-tarefa nacionais (do Instituto Etíope de Nutrição e Investigação em Saúde (EHNRI) e da Universidade de Adis Abeba (Hospital Tukur Ambessa) para a área para investigar a causa desta doença. Recolheram amostras de plantas, que foram analisadas pelo laboratório nacional do EHNRI. O resultado foi interpretado como uma planta potencialmente tóxica chamada "Ageratem" que crescia à volta da fonte de água. A "Ageratem" continha um alcaloide de pirrolizidina e a doença de "Gua Kua" era uma doença oclusiva venosa (DVO) do fígado. Na sequência deste relatório, o abastecimento de água em Tsada Emba - no nordeste do Condado - foi encerrado e as pessoas deslocadas internamente para a área de reinstalação em Kelakil - no sudeste do Condado (Tigray Health Bureau, 2009).

Não se registou qualquer redução da incidência após o programa de reinstalação. O Gabinete de Saúde de Tigray foi forçado a questionar o diagnóstico, o que levou, por sua vez, em 2008, a um pedido ao Centro de Controlo de Doenças dos Estados Unidos (CDC) para investigar a crise na zona. Realizaram um estudo de controlo de casos e recolheram amostras de soro, tendo concluído o seu relatório com a esquistossomose como agente causador (Oasis Foundation of Ethiopia, 2009).

A Oasis Foundation of Ethiopia (OFE) entrou em contacto com o Imperial College of London, que dirige a Schistosomiasis Control Initiative (SCI). A SCI enviou uma equipa para investigar uma esquistossomose e recolheu amostras (unhas, fezes e urina), tendo conseguido concluir de forma convincente que a esquistossomose não era uma causa de morbilidade [2]. Os relatórios do EHNRI, CDC e SCI foram revistos pelo professor Thursz do Imperial Collage de Londres e concordaram com os relatórios do EHNRI em que a causa mais provável seria um alcaloide pirrolizidina, tal como originalmente descrito na doença do chá do arbusto na Jamaica. No entanto, parecia improvável que tanto o "Ageratem" como o abastecimento de água pudessem ser um alcaloide de pirrolizidina (Oasis Foundation of Ethiopia, 2009).

Desde então, têm vindo a ser realizados estudos multidisciplinares pormenorizados para compreender o problema de um ponto de vista científico diferente, que podem estar a resultar num resultado eficaz.

Capítulo 2

2. METODOLOGIA

Foram recolhidas amostras de sedimentos de ribeiras, água (superficial e subterrânea) e rochas na sub-bacia hidrográfica de Atsgede Tsimbla durante o trabalho de campo realizado em março de 2010. O método de amostragem, os procedimentos analíticos e o tratamento dos dados analíticos são descritos de seguida.

2.1 Recolha de dados

Procedeu-se à recolha e revisão de dados anteriores sobre a área. A revisão da literatura incidiu sobre a geologia, estruturas geológicas, hidrogeologia e situações ambientais da área. Foi utilizado um mapa topográfico à escala 1:50.000 para ilustrar a drenagem e a fisiografia da área. O levantamento de campo preliminar foi efectuado pelos nossos supervisores imediatamente antes do levantamento de amostragem propriamente dito.

2.2 Métodos de campo

O campo foi realizado durante o mês de março de 2010. Os locais de amostragem da água e dos sedimentos dos cursos de água foram seleccionados com base na distribuição de potenciais fontes de poluição. Em conjunto com a amostragem, foram efectuadas observações no terreno sobre os tipos de geologia, a degradação física do terreno e a prática tradicional de garimpo de ouro. As nossas posições de amostragem e informações suplementares são apresentadas (fig. 2.1).

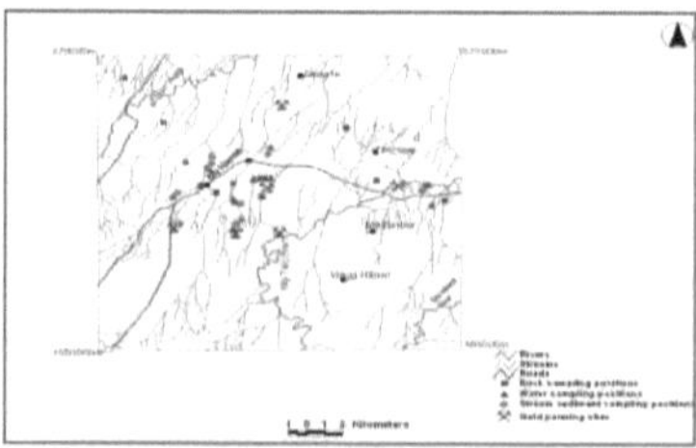

Figura 2.1 Mapa de localização da área de estudo com locais de amostragem e sítios de garimpo de ouro.

2.2.1 Amostragem de águas subterrâneas

Treze (13) amostras de água subterrânea foram recolhidas de furos profundos e poços rasos escavados à mão. Cada amostra foi recolhida numa garrafa de polietileno de um litro e a garrafa de amostragem foi lavada repetidamente com água subterrânea antes de recolher as amostras.

Após a amostragem, as garrafas foram bem tapadas com tampas e seladas com uma torneira para minimizar a contaminação por oxigénio e a fuga de gases dissolvidos. As amostras são mantidas em local fresco para minimizar a possibilidade de reação química que pode resultar na precipitação de elementos dissolvidos. Sempre que possível, foram também recolhidas no terreno informações sobre os poços.

1.5.1 Amostragem de águas superficiais

Foram recolhidas sete (7) amostras de águas superficiais do rio Mai-Teli e dos seus afluentes, Mai-Weyle, Mai-Hammar, Sembel e Fesfesay. Para além destas, foi recolhida uma amostra de uma lagoa, a que uma população local chamou "Bad Lack", perto da aldeia de Genia. Os outros parâmetros foram os mesmos que para a amostragem das águas subterrâneas.

1.5.2 Amostragem de sedimentos de cursos de água

Foram recolhidas vinte (20) amostras de sedimentos de riachos secos e húmidos. Uma vez que alguns afluentes de cursos de água sazonais não tiveram fluxo de água durante muitos meses, o leito do curso de água estava coberto por materiais das margens caídas. O material caído das margens foi removido por escavação e o sedimento do ribeiro foi recolhido com muito cuidado. A maior parte das amostras de sedimentos do ribeiro foram recolhidas no mesmo local onde se recolhem as amostras de água. Cerca de 300 gramas de amostras foram recolhidas com uma pá e armazenadas em sacos de plástico limpos.

1.5.3 Amostras de rocha

Foram recolhidas amostras de rocha representativas de todas as unidades mapeáveis e seis delas foram seleccionadas para secção fina e análise XRF. A litologia, as estruturas, a mineralização, os veios de quartzo e a intensidade de alteração das rochas foram estudados no terreno.

2.3 Análises de amostras

2.3.1 Análises da água

A análise química das amostras de água (Apêndices A e B) foi efectuada no Laboratório do Instituto de Geociências Aplicadas da Universidade de Tecnologia de Graz, Áustria.

Os oligoelementos (Cd, As, Se, Pb, Cr, Ni, Cu, Co V, Sr, Tm e Ba) foram analisados utilizando o Espectrómetro de Massa de Plasma de Casal Indutivo (ICP-MS; Perkin-Elmer Elan 5000) com nebulização ultra-sónica e foram calibrados com soluções padrão de vários elementos. Foram utilizadas amostras acidificadas. O limite de deteção varia entre 0,01 e 0,1µg/l e a precisão também foi relatada como 10% para vários elementos vestigiais. Os catiões principais (Ca^{+2}, Mg^{+2}, Na^+ e K^+) foram analisados por espetrometria de emissão ótica com plasma de acoplamento indutivo (ICP-OES, PERKIN ELMER 4300) e os aniões (Cl^-, NO_3^- e $SO4^{-2}$) foram medidos por cromatografia iónica (IC; DIONEX 600)/Cromatografia líquida de alta eficiência (HPLC).

2.3.2 Análise de rochas e sedimentos de cursos de água

As amostras de rocha foram primeiro esmagadas num triturador de mandíbulas de aço inoxidável e depois pulverizadas numa farinha de ágata para análise química e a preparação da amostra para sedimentos de ribeira também envolveu a secagem num forno, esmagamento, moagem, peneiração com malha -200 e embalagem de cerca de 100mg com sacos de plástico no Laboratório Mineiro Ezana, Mekelle. Tanto as amostras de rocha como as de sedimentos foram enviadas para análise de oligoelementos (Cd, As, Se, Pb, Cr, Ni, Cu, Co V, Sr, Tm, Hg, Ba, Zn, Mn e Mo) e óxidos principais (SiO_2, $Al O_{23}$, $Fe O_{23}$, LOI e MgO) utilizando o espetrómetro de fluorescência de raios X (PHILIPS PW 2404) no laboratório do Instituto de Geociências da Universidade de Tecnologia de Graz, Áustria. A análise foi efectuada por dois métodos - pellet de pó prensado para os oligoelementos e vidro agitado para os óxidos principais. As amostras foram inicialmente trituradas e secas a 110 °C (em vidro agitado) e a 60^0 C (pastilha de pó prensado) durante a noite para remover a humidade remanescente.

Os discos de vidro fundido foram criados de forma a que o pó constituinte de 1g fosse misturado homogeneamente com 6g de tetraborato de lítio. Esta mistura foi derretida a 1030°C durante alguns minutos e vertida num cadinho de Pt-Au e utilizada para análises dos principais óxidos. As técnicas utilizadas para o vidro fundido são uma modificação das descritas por Thomas e Haukka (1978). Os oligoelementos foram determinados utilizando pastilhas de pó prensado; as pastilhas foram feitas misturando pó de rocha de 12g com cera de pulverizador de 3g e pressionando a mistura sob uma pressão máxima de 400 bar para fazer uma pastilha prensada da amostra. Esta pastilha prensada com cera requer o enchimento de um pequeno prato de alumínio com amostra finamente pulverizada misturada com cola, de modo a que os grãos individuais fiquem unidos. A mistura homogeneizada foi comprimida e, assim que a pressão é libertada, solidifica-se num disco compacto com uma superfície superior lisa que pode ser facilmente medida no espetrómetro XRF. A exatidão e a precisão dos dados XRF são as mesmas que as indicadas em Reimold et al. (1994).

Foram analisados dados secundários de sedimentos de cursos de água para determinar as concentrações de elementos principais e vestigiais utilizando o método de fluorescência de raios X no Serviço Geológico da Etiópia, Adis Abeba. As análises foram efectuadas em pastilhas de pó prensado e as amostras foram inicialmente moídas e secas a 60^0 durante a noite para remover a humidade restante.

Foram também preparadas seis secções finas no Laboratório do Serviço Geológico da Etiópia, em Adis Abeba, e foram estudadas as características mineralógicas, microestruturais e de alteração com um microscópio petrológico.

2.4 Tratamento dos dados analíticos

O tratamento analítico dos dados foi efectuado em Excel, SPSS, Aquachem e Archview. Na análise no Aquachem, SPSS e Archview, os valores abaixo do limite de deteção foram definidos como zero. Para a análise dos dados foram utilizadas análises estatísticas como a média, a mediana, o desvio padrão e a análise multivariada (correlação).

Os dados obtidos a partir das amostras de água foram comparados com as normas nacionais e internacionais para verificar se estavam ou não dentro dos limites recomendados, ou seja, se eram seguros para a saúde humana e o ambiente em geral. Os resultados analíticos dos sedimentos das ribeiras são comparados com o valor geoquímico de fundo mundial no xisto médio.

Capítulo 3

3. GEOLOGIA

3.1 Geologia regional

A área faz parte do Escudo Arábico-Nubiano, onde estão expostos metavulcânicas ácidas a básicas, corpos granitóides alcalinos calcários pré-sintectónicos e granitos pós-tectónicos (Shakelton, 1994 e Asrat et al., 2001).

Acredita-se que o Escudo Núbio Arábico, que se estende da Arábia Saudita e do Egipto (Fig. 3.1) no Norte e de madrugada até à Etiópia, se desenvolveu através de um processo tectónico de placas do tipo Fanerozoico durante a Orogenia Pan-Africana de 950-500 Ma (Stern 1994).O processo envolveu o encerramento repetido e a acreção de bacias de arco insular intra - oceânicas ao longo de zonas de sutura decoradas por cinturas lineares de restos de complexos ofiolíticos desmembrados por sutura (Gass, 1981; Almond, 1983; Vail, 1983 e Korner, 1985).

Uma quebra de contacto tectónico acentuada produzida por uma série de falhas NNE-SSW que demarcam o corpo ultramáfico e as unidades metavulcano-sedimentares (Fig. 3.1). Ao longo desta quebra topográfica, ocorrem descontinuidades estereográficas, estruturais e metamórficas acentuadas (Tadesse, 1997).

As principais características estruturais associadas às rochas máficas e ultramáficas são caracterizadas por tectónica do tipo dobra e impulso, cuja assimetria indica a sua associação com compressão oblíqua (Tadesse, 1997). Estas características são muito semelhantes às características estruturais descritas no cenário relacionado com a colisão/acreção do Escudo Arábico-Nubiano no Egipto (Berhe, 1999; Quick, 1991; Abdeselam e Stern, 1993). De um modo geral, os indicadores cinemáticos mostram que as rochas máficas e ultramáficas são abduzidas devido a um empurrão com uma borda NW e podem representar uma possível zona de sutura intra-oceânica (Tadesse, 1997).

A outra caraterística estrutural é uma zona de cisalhamento dúctil e frágil NE - SW; a zona de cisalhamento modificou e transpôs os elementos estruturais anteriores e a atual configuração estrutural da área é representada por este evento de deformação (Tadesse, 1997 e Ashanti Gold Field, 1998). Os núcleos desta zona de cisalhamento são marcados por sericite, clorite, sulfuretos oxidados e raramente quartzo srengers e chert. Cristais de pirite assimetricamente deformados e veios de quartzo indicam um deslizamento horizontal com vertocidade dextral.

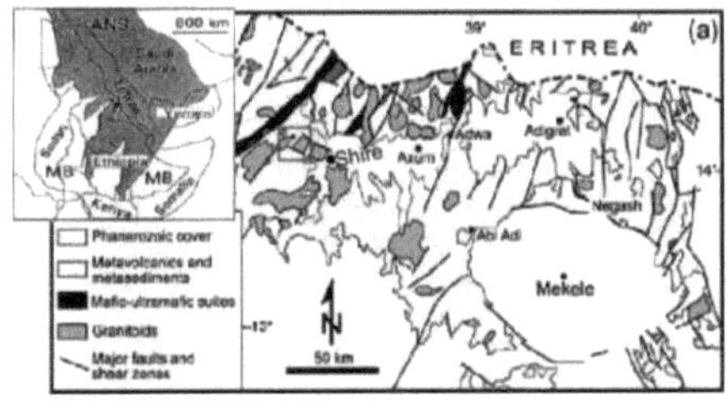

Figura 3.1 Localização da área de estudo nos mapas geológicos do norte da Etiópia. A inserção mostra a relação de interdigitação do Escudo Arábico-Nubiano (ANS) e da Cintura de Moçambique (MB) e a localização das rochas pré-cambrianas do norte da Etiópia (modificado de Asrat et al. 2001).

3.2 Geologia da área de estudo

A área de interesse (Mai - Hanse) e os seus arredores estão cobertos por rochas metamórficas que incluem - metassedimentos representados por ardósia, xisto grafite-uscovite e quartzo-grafite-xisto nas suas partes central, oriental e ocidental, metavulcânicas intermédias expostas nas partes oriental, noroeste e central, que se encontram sob a cintura máfica-ultramáfica e intrudidas por corpos graníticos circulares expostos na parte sul e nordeste da área de prospeção. Diques aplíticos e veios e filões de quartzo também estão expostos em diferentes partes da área, cortando as rochas do subsolo (Fig. 3.2).

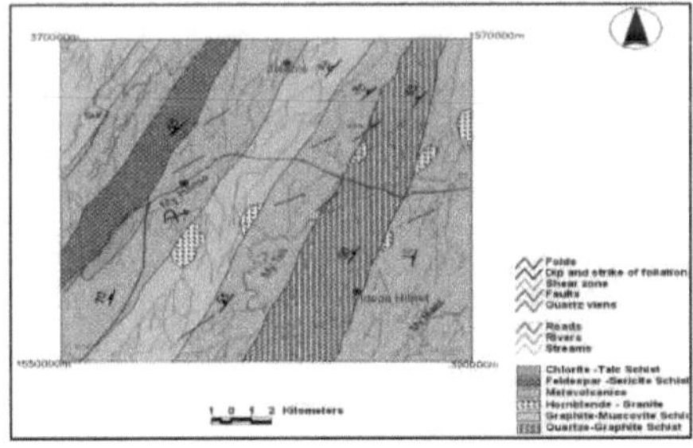

Figura 3.2 Mapa geológico da sub-bacia hidrográfica de Asgede Tsimbla.

Rochas metavulcânicas: - a unidade metavulcânica é a rocha mais abundante encontrada nas partes leste, noroeste e central da área em contacto com a unidade quartzo - grafite xisto na sua parte leste, grafite -muscovite xisto na parte noroeste e central (Fig. 3.2). Apresenta-se moderadamente meteorizado, muito foliado, de cor cinzenta esverdeada e rosada e textura de grão fino (Fig. 3.3)

Figura 3.3 Rocha meta-vulcânica (vista sudoeste).

Os estudos petrográficos mostram que o metavulcânico intermédio é composto por

cerca de 30% de quartzo, 32% de biotite, 15% de estaurolite, 10% de feldspato, 5% de óxidos de ferro e carbonatos acessórios. Estes minerais têm frequentemente um tamanho de grão fino a médio e produzem uma textura agregada.

Feldspato - Xisto Sericítico: - Está exposto no noroeste da área em contacto com a unidade metavulcânica na parte leste e oeste da área. Esta unidade encontra-se ligeiramente oxidada, sericitizada, cloritizada e localmente silicificada. A sua cor é cinzenta com amarelo esverdeado pálido e a sua textura é de grão fino. A unidade é intercalada por filitos e xistos de grafite.

Petrograficamente é composto por ~25% de sericite, ~22% de feldspato, ~16% de epidoto, ~15% de clorite e outros minerais como o quartzo e o hidróxido de Fe. Estes minerais metamórficos caracterizam-se por uma textura minúscula, escamosa e relictual.

Xisto Grafito-Muscovítico: - é cinzento, de grão fino, fortemente foliado, menos fissurado e com brilho lustroso (Fig. 3.4). Encontra-se nos extremos central e ocidental da área de estudo, que está em contacto com unidades metavulcânicas.

A composição modal média desta unidade é de aproximadamente 39% de muscovite, 25% de grafite, 18% de quartzo e 13% de biotite. A sericite, o feldspato e os minerais opacos também ocorrem em pequena quantidade e esta unidade rochosa é caracterizada por uma textura plaqueada e minúscula.

Figura 3.4 Xisto Grafite-Muscovite muito foliado (vista noroeste).

Xisto quartzo-grafite: - cinzento-escuro, de grão fino, moderadamente foliado, que é facilmente pavimentado a dedo. Está exposto na parte oriental da área de estudo;

Gradualmente em contacto com metavolcânicas. O quartzo-grafite xistoso é composto por cerca de 50% de grafite, 30% de quartzo, 15% de biotite e 5% de feldspato e caracteriza-se principalmente por uma textura minúscula e xenoblástica.

Xisto clorito -Talco: - cor cinzenta prateada a esverdeada, textura de grão fino e superfícies brilhantes, está exposto na parte sudoeste da área de estudo. Está ensanduichado entre a unidade metavulcânica a leste e o xisto sericítico feldspático a oeste (Fig. 3.2).

Esta unidade rochosa é composta por ~42% de talco, ~32% de clorite, ~17% de calcite; feldspato, quartzo e óxido de ferro são também composições minerais desta unidade rochosa. Da análise petrográfica, estes minerais apresentam uma textura xistosa.

Granito Hornblende: - de forma subcircular a elíptica e exposto na parte sul e nordeste da área de estudo. A sua cor é rosa e branca com manchas pretas e a sua textura é de grão muito grosseiro a médio (Fig. 3.2).

A secção fina da amostra de granito mostra cerca de 23% de K-feldspato, 20% de plagioclásio, 15% de quartzo, 12% de hornblenda; outros minerais como biotite, epidoto, clorite, hidróxido de Fe, calcite e apatite são também constituintes menores desta rocha e é caracterizada por uma textura granoblástica.

Diques graníticos: - É de cor rosa claro, de grão claro a médio, composto por quartzo, feldspato e outros minerais de cor cinzenta escura. É recortado de forma concordante a discordante com a foliação das unidades metamórficas da área. Atinge de 2m a 30m de largura e mais de 150m de comprimento de ataque.

3.3 Estrutura Geológica

A litologia da área é afetada por diferentes estruturas, tais como dobras, falhas, fracturas e zonas de cisalhamento. A outra caraterística estrutural importante na área são as foliações compostas de nordeste - sudoeste e noroeste.

Foliação: - As unidades de feldspato - sericite xisto e grafite -muscovite xisto são altamente foliadas, enquanto que os metavulcânicos são moderadamente foliados. Esta foliação atinge normalmente N35 - 70^0 E com um mergulho de cerca de 25 a 35^0 NW (Fig. 3.2). Na área de estudo também ocorrem lineações de tendência nordeste, veios de quartzo e cordões ao longo do tecido da plaina.

Dobra: - uma dobra isoclinal com o eixo da dobra mergulhando paralelamente à direção da foliação foi observada em rochas metavulcânicas expostas na parte sudoeste da área de estudo. A orientação da dobra é compatível com a deformação D1 orientada para nordeste (Tadesse 1997).

Zona de cisalhamento: - a presença de uma zona de cisalhamento é identificada na parte noroeste da área de estudo, na unidade metavulcânica. Trata-se de uma zona de cisalhamento frágil-dúctil com um ataque de N65^0 E e com um mergulho para oeste a 25^0. É geralmente estreita (150 a 200m de largura) e estende-se por algumas dezenas de quilómetros ao longo do ataque (Fig. 3.2). O agregado mineral de mergulho horizontal e as lineações de alongamento na zona de cisalhamento indicam invariavelmente um sentido sinistral de movimento e isto pode ser correlacionado com a deformação D4 de Tadesse (1997), que tinha conduzido sobre a geologia da área de Axum.

Falhas: - As falhas de escorregamento de ataque são observadas principalmente na parte oriental da área, afectando as unidades metavulcânicas e de xistos de grafite. Estas falhas são detectadas à escala da cultura exterior pela deslocação de filões de quartzo, pela alteração litológica e também pelo desenvolvimento de riachos ao longo do plano de deslocação ou linha de fraqueza. O plano de falha atinge aproximadamente N450E e 25 a 35^0 W. A componente lateral da deslocação (ΔL) é de sentido dextral e é da ordem dos 30 a 50m.

Juntas: - Existem juntas em forma paralela repetida na zona sul e central com muitas orientações; das quais as juntas orientadas E-W, N450E, N700E são dominantes; e a abertura varia de apertada até 5m e continuam por centenas de metros de forma descontínua.

Veios de quartzo: - foram detectadas duas fases principais de veios de quartzo com base na sua relação de intersecção e na sua ocorrência em relação à foliação das rochas hospedeiras. Estes são veios de quartzo de tendência N35OE, moderadamente deformados, menos abundantes e finos ($\approx$ 0,5 - 2 cm de espessura), veios de quartzo N7OOE altamente deformados com até 3 cm de espessura (Fig. 3.6).

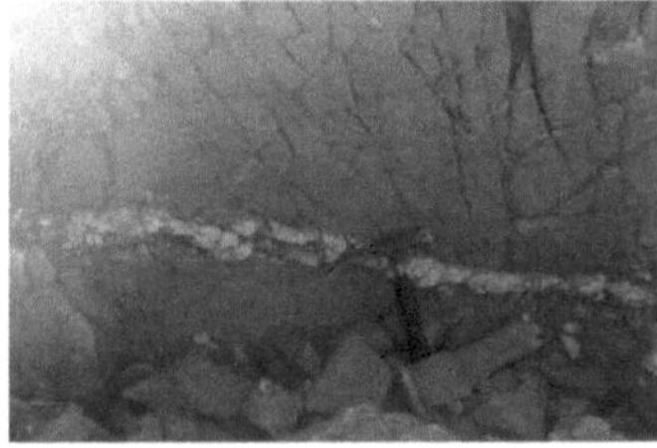

Figura 3.5 Veios de quartzo e juntas na unidade de rocha metavolcânica (vista oriental).

3.4 Mineralização e alterações

A sub-bacia hidrográfica de Asgede Tsimbla é conhecida pela ocorrência de ouro. Os minerais de sulfureto, como a pirite, a calcopirite e a malaquite, também ocorrem como componentes menores. Os estudos petrográficos também mostram a presença de minerais de grafite, sericite, clorite, talco e biotite na área de estudo.

Mineralização de ouro: - Em muitas áreas onde há cisalhamento, a população local tem praticado a garimpagem extensiva de ouro. Encontram uma série de grãos de ouro angulares de grão fino no material. As investigações nestas zonas de cisalhamento mostram que a mineralização de ouro está associada a veios de quartzo finos e deformados e a filões na zona de cisalhamento e sugere-se que a mineralização está associada a um dos episódios de cisalhamento na área (Tadesse, 1997 e Ashanti Gold Field 1998). Existe também uma extensa extração artesanal de ouro ao longo dos rios e terraços adjacentes (Fig. 3.7). As localizações dos sítios de garimpo pela população local são mostradas na (Fig. 2.1).

Figura 3.5 Práticas artesanais de extração de ouro na sub-bacia hidrográfica de Asgeda Tsimbla (vista sudeste).

Capítulo 4

4. RESULTADOS

4.1 Litogeoquímica

A análise de elementos principais e vestigiais de algumas amostras de rocha obtidas na área de estudo foi efectuada para descobrir potenciais problemas de saúde associados a concentrações de elementos específicos (quadro 4.1).

Tabela 4.1 Composições de elementos principais (wt %) e vestigiais (ppm) de amostras de rocha seleccionadas na área de estudo.

Rock type	Graphite-Schist (ATR-3)	Graphite-muscovite-Schist (ATR5)	Feldespar -Sericite Schist (ATR1)	Metavolcanics (ATR2)
Major oxides				
SiO_2	70.39	64.17	64.21	67.27
Al_2O_3	15.11	18.55	15.99	15.58
Fe_2O_3	2.72	5.69	6.85	6.04
LiO	4.96	5.89	2.43	1.57
Na_2O	1.44	1.06	4.43	3.67
MgO	1.15	1.5	1.59	1.84
K_2O	2.62	2.15	1.69	1.27
TiO	6.65	0.69	1.63	0.68
Mn	0.11	0.16	0.08	0.05
P_2O_5	0.02	5.16	0.19	0.2
CaO	0.83	0.1	0.88	1.82
Total	106	105.08	99.97	99.99
Trace elements				
Cu	28	153.1	67.5	14.8
Cr	222.3	147.6	149.5	67.9
Mn	786	1342.8	536.8	708.5
Sr	111.1	34.6	267	162.3
Zr	195	274.1	162.5	157.6
Ba	182.6	1939	384.5	598.8
Rb	73.3	67.2	41.7	37.6
pb	11.7	12.3	9.4	5.5
Ni	17.7	54.7	18.4	9
Zn	51.7	107.2	62.4	71.6
Co	1.3	14.3	10.5	7.9
Cd	4.4	5	5.8	5.3
Hg	bdl	bdl	bdl	bdl
Sb	bdl	bdl	bdl	bdl
Cs	bdl	bdl	bdl	bdl

Ce	29.4	55.1	27.7	29.7
U	3.3	4.1	0.5	0.1
V	193.4	162.7	89.4	88.3

4.2 Hidrogeoquímica

Os resultados analíticos e as estatísticas de resumo (média, mínimo, máximo e desvio padrão) de elementos seleccionados em amostras de água da sub-bacia hidrográfica de Asgede Tsimbla são apresentados (tabela 4.2). A tabela apresenta as técnicas analíticas para diferentes elementos/parâmetros e mostra quantas ordens de grandeza a concentração natural dos elementos analisados abrange neste conjunto de dados. Fornece informações adicionais sobre as normas relativas à água (Etiópia, 2002; US EPA, 2001 e OMS, 2004) e mostra a percentagem de amostras acima dos limites máximos aceitáveis de concentração (MAC).

4.2.1 Iões principais

As amostras de águas superficiais e subterrâneas recolhidas foram analisadas para os catiões principais (Ca^{+2}, Mg^{+2}, Na^+ e K^+) e aniões (Cl^-, NO_3^- e $SO4^{-2}$) e apenas dois iões principais (i.e. Mg^{+2} e NO_3^-) excederam as normas de qualidade estabelecidas para a água potável (Tabela 4.2). Em termos de composição química, a água é geralmente classificada como - cerca de 60% das amostras têm Mg e as restantes têm Ca seguido de Na como catiões dominantes; segundo o anião NO3 como dominante e Cl seguido de $SO4$. A composição da água também pode ser organizada como $Mg^{2+} + Ca^{2+} > Na^+ + K^+$ e $SO4^{2+} + Cl^- > HNO3^- + CO3^{2-}$.

4.2.2 Elementos vestigiais

Das 35 análises de elementos vestigiais, os sete elementos seguintes apresentam valores que excedem os limites de concentração máxima aceitável (MAC) (Quadro 4.2): Br, Al, Fe, F, As, Pb e U (normas da OMS).

Tabela 4.2 Gama, média e desvio-padrão dos dados analíticos para elementos seleccionados em amostras de água e sua comparação com diferentes padrões de água.

Parameters	Techniques	Units	Range	Mean	Std. Deviation	Standards (MAC)			>MAC*
						WHO (2004)	Ethiopian (2002)	USEPA (2001)	(%)
As	ICP - MS	$\mu g/l$	bdl - 23.7	2.47	6.73	10	10	10	10
Pb	ICP - MS	$\mu g/l$	bdl - 24.6	1.24	5.34	10	20	10	5
Al	ICP - MS	$\mu g/l$	bdl - 553	73.75	137.76	200	400	50- 200	30
Fe	ICP - MS	$\mu g/l$	bdl- 1939	1.49	3.69	300	400	300	20
Cd	ICP - MS	$\mu g/l$	bdl - 0.21	0.068	0.048	3	3	3	-
Tm	ICP - MS	$\mu g/l$	bdl - 0.40	0.031	0.068	-	-	2	-
Ni	ICP - MS	$\mu g/l$	bdl- 0.255	0.04	0.06	20		-	-
Co	ICP - MS	$\mu g/l$	bdl - 0.56	0.122	0.138	-	-	-	-
Se	ICP - MS	$\mu g/l$	bdl- 13.99	2.16	3.04	10	10	10	5
U	ICP - MS	$\mu g/l$	0.05- 4.32	0.88	1.10	2	-	-	5
Br	IC	mg/l	0.11- 1.48	0.67	0.405	0.01	-	0.01	100
F	IC	mg/l	0.21- 16.5	1.86	4.12	1.5	3.0	4.0	20
NO$_3$	IC	mg/l	0.01- 51.8	11.93	1.75	-	50	10	10
SO$_4$	IC	mg/l	1.12- 435	69.5	8.1582E1	500	-	-	-
Mg	ICP - AES	mg/l	7.56- 127.	59.68	3.3952E1	-	-	-	-
pH			6.11- 8.3	7.12	0.653	-	6.5 - 8.5	6.5- 8.5	

Nota: - >MAC* (%) = superior à concentração máxima aceitável para o número de amostras em percentagem.

4.2.2.1 Bromo

Os resultados de bromo variam de 0,11 - 1,48 mg/l com valor médio de 0,67mg/l. Na área de estudo, 1,48mg/l é o valor máximo nas águas subterrâneas, enquanto que 0,93mg/l tem de ser nas águas superficiais. O valor mais elevado de bromo (AT -15) é encontrado no furo em torno da aldeia de Mai Lomine. Todos os resultados se encontram acima do nível máximo permitido pela OMS - 0,01mg/l - (Quadro 4.2). A distribuição espacial do flúor é apresentada na Figura 4.1.

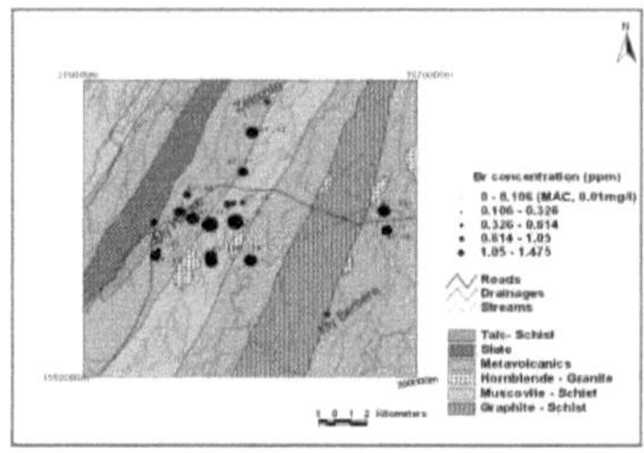

Figura 4.1 Distribuição espacial da concentração de bromo nas águas superficiais e subterrâneas da sub-bacia hidrográfica de Asgeda Tsimbla. A concentração máxima admissível (MAC) é também indicada entre parêntesis.

4.2.2.2 Flúor

As águas superficiais e subterrâneas recolhidas em vários locais da zona de Asgede Tsimbla continham flúor entre 0,21 e 16,49 mg/l, com um valor médio de 1,18 mg/l (Quadro 4.2). O valor máximo de 16,49 mg/l foi registado na amostra (AT - 16) (Fig. 4.2) recolhida do furo na aldeia de Sembel, a NE da cidade de Mai - Hanse, enquanto o valor máximo de 0,79 mg/l foi recolhido das águas superficiais. Quatro das amostras indicam valores superiores ao limite máximo permitido (1,5 mg/l) das directrizes da OMS (2004) para a água potável (Quadro 4.2). A distribuição espacial do flúor é mostrada em

Figura 4.2.

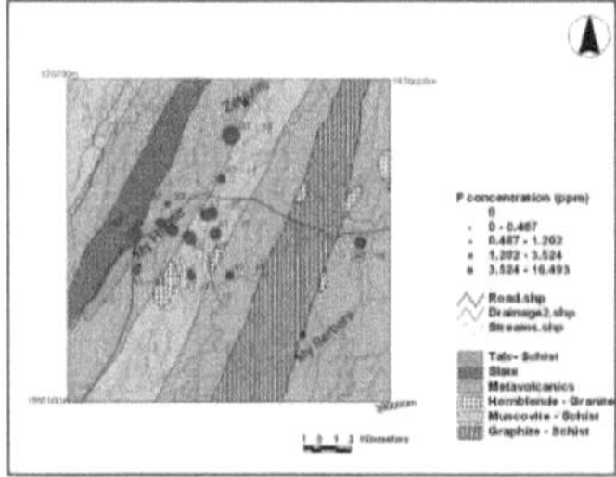

Figura 4 Distribuição espacial da concentração de flúor nas águas superficiais e subterrâneas da sub-bacia hidrográfica de Asgeda Tsimbla.

4.2.2.3 Alumínio

As águas superficiais e subterrâneas recolhidas em vários locais da zona de Asgede Tsimbla continham Al desde menos do que o limite de deteção (0,01 ppb) até 553 ppb, com um valor médio de 73,75 ppb (Quadro 4.2). A concentração mais elevada de Al foi observada numa amostra (AT - 07) recolhida de um furo perto da cidade de Mai Hanse, enquanto nas águas superficiais se observou um valor máximo de 155 ppb. 30% do valor da amostra indica acima do MAC (ou seja, 100 µg/l) com base na diretriz canadense para água potável (1996).

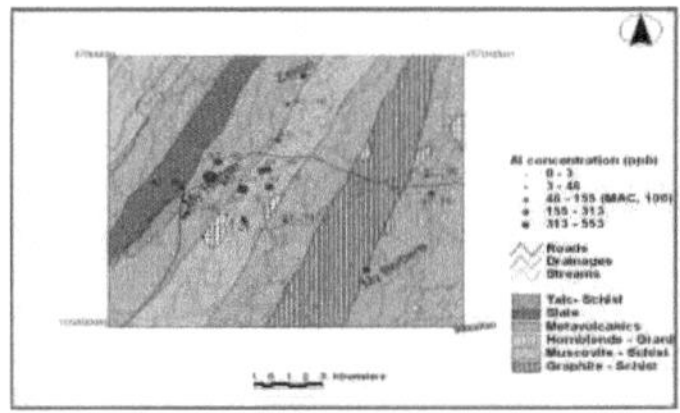

Figura 5 Distribuição espacial da concentração de alumínio nas águas da sub-bacia hidrográfica de Asgede Tsimbla. A concentração máxima admissível (MAC) também é indicada.

4.2.2.4 Arsénio

A concentração de arsénio varia de menos do que o limite de deteção (0,01µg/l) até 23,7µg/l com um valor médio de 2,47 µg/l (Tabela 4.1). 23,7µg/l é a concentração máxima na água subterrânea enquanto 20,2 µg/l na água superficial. Os valores mais elevados foram registados em amostras (AT-10 e AT-11) recolhidas em torno do rio Fesfesay, onde se realizava uma extração artesanal intensiva de ouro e está localizado a sudeste da cidade de Mai Hanse. Apenas duas amostras (10%) se situam acima do valor MAC de

As (10 µg/l) na área de estudo.

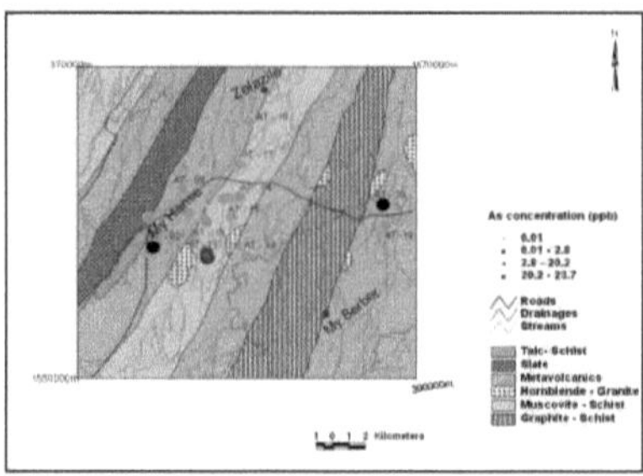

Figura 6 Distribuição espacial da concentração de arsénio nas águas superficiais e subterrâneas da sub-bacia hidrográfica de Asgeda Tsimbla

4.2.2.5 Selénio

O valor de Se variou entre menos do que o limite de deteção (0,01ppb) e 13,9 ppb, com um valor médio de 2,16 µg L^{-1}. Na zona de estudo, o valor máximo nas águas subterrâneas e superficiais foi registado em 13,9 ppb e 4,70 ppb, respetivamente, e apenas uma amostra (AT-20) excedeu os limites de segurança da OMS. O valor máximo de 13,9 ppb (AT-20) foi observado numa amostra colhida no rio Mai - Hammar, onde se efectuaram práticas de extração artesanal de ouro.

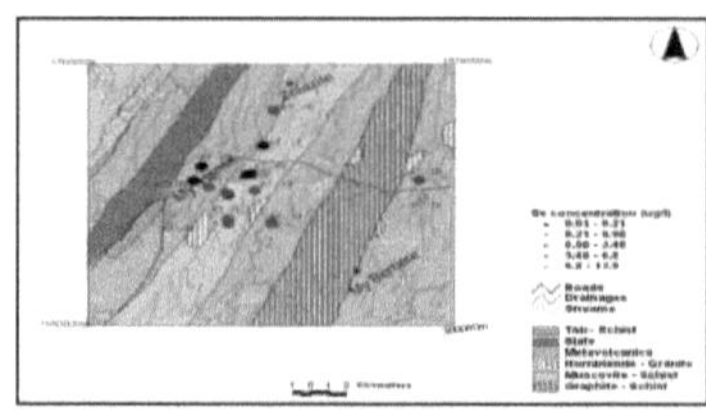

Figura 4.5 Distribuição espacial da concentração de selénio nas águas superficiais e subterrâneas da sub-bacia hidrográfica de Asgeda Tsimbla.

4.2.2.6 Geoquímica dos sedimentos da corrente

Os resultados analíticos e o valor estatístico resumido dos sedimentos da ribeira estão listados (Quadro 4.3). A tabela fornece informações adicionais sobre o valor de fundo geoquímico mundial no xisto médio de cada concentração de elemento.

Tabela 4.3 Resultados da análise de metais pesados em sedimentos de cursos de água (ppm) e o seu valor médio em comparação com o valor de fundo geoquímico mundial em xisto médio.

Sample no.	Zn	Ni	Pb	Cu	Co	Ag	Cr	Mn
ASG- 01	70	33	1	42	39	1.4	77.8	539
ASG- 02	79	65	9	71	52	1.5	68.9	708.
ASG- 03	59	24	5	29	30	1.1	131	359
ASG- 04	63	37	5	38	34	1.2	227	451
ASG- 05	63	44	4	45	37	1.3	154	1100
ASG- 06	71	34	3	45	30	1.2	188	410
ASG- 07	105	37	6	44	29	1.2	171	399
ASG- 08	66	29	4	32	22	1.9	172	265
ASG- 09	33	18	3	20	24	2.0	160	536
ASG- 10	64	28	3	30	19	1.76	149	255
ASG- 11	76	32	8	38	21	2.2	147.6	354
ASG- 12	68	29	8	34	24	2.1	151.2	231
ASG- 13	57	26	5	30	20	1.6	143	350
ASG- 14	78	36	6	43	25	1.8	128.4	255
ASG- 15	50	22	7	29	18	2.3	164.6	354
ASG- 16	107	54	12.3	37	19	2.2	132.4	229
ASG- 17	84.7	41	11.4	31.6	32	2.4	136.2	260
ASG- 18	86	45	13.6	33	37	2.7	147.6	786
ATS- 19	26.3	18	16.5	11	48	5.2	251.3	623
ATS - 20	48.9	19	6.5	75	54	5.3	160.6	478
Minimum	26.3	18	1	11	18	1.1	68.9	229
Maximum	107	65	16	75	54	5.3	251	1100
Mean	67.7	33.55	6.86	37.8	30	2.1	152.8	447.1
Average shale[a]	95	68	20	45	19	-	90	850

Xisto médio[a] : valor de fundo químico mundial em xisto médio (Turkian e Wedpohl, 1961).

Capítulo 5

5. DISICUSSÃO

5.1 Litogeoquímica

A composição das águas superficiais e das águas subterrâneas pouco profundas reflectirá de perto a geologia local. A ação da meteorização sobre os depósitos minerais contribui para promover um aumento local dos teores de elementos maiores, menores e vestigiais. Estes elementos anómalos podem ser identificados no solo, nos sedimentos de cursos de água e nas águas (Komatina, 2001).

Em termos de análise de elementos vestigiais e principais, as amostras de mtavolcânicas, Feldespar-Sericite Schist e grafite schist são enriquecidas com elementos Mo, Cu, Mn, Cr e Rb e têm $SiO2$ elevado, $Al\ O_{23}$, $Fe\ O_{23}$ e LIO como óxidos principais (Tabela 4.3). A concentração destes elementos varia muito entre os tipos de rocha; assim, os problemas de saúde relacionados com a interação da água com as rochas são diferentes de acordo com a distribuição geográfica dos tipos de rocha.

A transmissão química de riscos para a saúde começou, de facto, a partir de rochas com teores aumentados ou reduzidos de elementos de maior importância para a vida (Komatina, 2001). Os problemas de saúde relacionados com a água e os sedimentos dos cursos de água na área de estudo são geralmente derivados das rochas do subsolo após a meteorização. As águas dos cursos de água drenadas através da eliminação de resíduos do solo de locais de garimpo de ouro artesanal, que podem conter um elevado nível de contaminantes, são supostamente uma fonte secundária de poluição da água na área. Os fertilizantes agrícolas e os pesticidas libertados no solo podem também ser considerados como factores importantes na concentração de alguns oligoelementos nas águas superficiais e subterrâneas da zona.

5.2 Hidroquímica

A composição química das rochas, minerais e solos através dos quais a água subterrânea flui causa grandes variações na química da água subterrânea (Davis, 1966). As águas subterrâneas e superficiais na área de estudo são diretamente utilizadas como água potável e, obviamente, existe uma ligação entre a química da água e a saúde. Os resultados dos elementos acima do valor MAC e dos elementos que têm impacto na saúde a um nível baixo, como o selénio, são apresentados e discutidos a seguir.

Bromo: - A concentração máxima aceitável (CMA) de 0,01mg/l para o bromo na água potável foi estabelecida com base em considerações de saúde. Todos os resultados se encontram acima do nível máximo permitido pela OMS - 0,01mg/l - (Tabela 4.2). Os valores de Br podem estar relacionados com a utilização de fertilizantes e pesticidas na agricultura e com a prática artesanal de extração de ouro.

A concentração de bromo nas rochas, nos solos e na água doce é geralmente muito pequena. Os valores de bromo na área de estudo podem provavelmente ser devidos à libertação de bromo das minas, dos fertilizantes e dos pesticidas no solo; por sua vez, o bromo é lixiviado dos solos quando estes são inundados pelas águas superficiais e subterrâneas.

Alguns dos efeitos para a saúde que podem ser causados pelo valor excessivo de bromo na água são o mau funcionamento do sistema nervoso, gastrointestinal e perturbações no material genético; e também causam danos a órgãos como o fígado, rins, pulmões e glândulas tiroide. Algumas formas de bromo orgânico, como o bromo etileno, podem mesmo causar cancro (US EPA, 2001).

Flúor:- O valor de referência da Organização Mundial de Saúde (OMS) para o flúor na água potável é de 1,5 mg/l, mas na maioria das amostras cerca de (55,5%) dos teores de flúor eram superiores a 0,5 mg/l, o limite recomendado pela OMS para os países tropicais (Komatina, 2001). Alguns outros investigadores sugeriram 0,7 mg/l como nível de ação para os países tropicais com uma elevada ingestão diária de água (US EPA e Komatina, 2001), tendo também notado que os níveis recomendados pela OMS de 1,5 mg/l de flúor na água potável não são aceitáveis para o clima quente e seco.

O enriquecimento em flúor das águas superficiais e subterrâneas pode estar relacionado com a lixiviação de rochas ricas em flúor, tais como o granito (uma vez que as amostras de granito da área de estudo contêm minerais ricos em flúor, como a biotite, a hornblenda e o esfeno) e o muscovite - xisto, em que esta unidade rochosa também contém muscovite, biotite e feldspato, que são considerados minerais ricos em flúor. A interação rocha-água e solo-água, a meteorização e a lixiviação de rochas e minerais contendo flúor podem ser consideradas factores importantes na concentração de flúor nas águas superficiais e subterrâneas.

A ingestão excessiva de água rica em flúor pode causar fluorose dentária (manchas nos dentes), fluorose esquelética (doença depilatória, que afecta os ossos) e prejudicar os nervos e os músculos. O elevado teor de fluoreto não é apenas um possível fator de risco, mas é possível que exista alguma relação com a doença ou que possa mesmo aumentar a gravidade da doença. Muitas experiências com animais indicaram que as lesões renais podem ocorrer mesmo com níveis baixos de exposição ao flúor durante um longo período de tempo (Liu, 2005).

Alumínio: - A área de estudo apresenta um nível máximo de 553 ppb nas águas subterrâneas. O Al encontra-se em abundância na maioria das rochas, pelo que os valores podem estar relacionados com fontes naturais (ou seja, rochas, solos e seus minerais derivados) e, em certa medida, com actividades antropogénicas como a extração artesanal de ouro e a agricultura. O Al presente nas águas superficiais e subterrâneas pode ser derivado da meteorização de rochas ricas em Al e da lixiviação de solos acumulados em actividades como a extração artesanal de ouro e a agricultura.

O alumínio está incluído na lista prioritária de substâncias perigosas identificadas pela Agência para o Registo de Substâncias Tóxicas e Doenças (ATSDR). Os sinais e sintomas de toxicidade do alumínio incluem cólicas, demência, esofagite, gastroenterite, danos nos rins e no fígado (US EPA, 2001).

Arsénio: - A elevada quantidade de arsénio na água da área de Asgede pode ser introduzida através de actividades antropogénicas (ou seja, mineração artesanal de ouro) e da dissolução de rochas que contêm arsénio (filite/arenito) e minerais como a pirite e a calcopirite.

A ingestão de água potável contaminada com arsénio inorgânico provoca cancro da pele, tumores da bexiga, dos rins, do fígado (o principal agente cancerígeno) e dos pulmões. Um nível elevado de arsénio orgânico nos alimentos ou na água pode ser fatal, sendo o nível elevado de 60 partes por milhão de partes de alimentos ou de água (60ppm) (US EPA, 2001). Os efeitos adversos para a saúde de valores demasiado elevados de arsénio na água potável foram recentemente objeto de grande atenção (Smith, 2000).

Selénio: - A concentração de selénio nas águas é geralmente muito baixa e só raramente excede os limites de segurança da OMS de 10 µg/l (Fordyce, Zhang, Green e Liu, 2000). A área de estudo mostra que cerca de 40% da amostra analisada foi <1 µg/l e apenas uma amostra (AT-20) excede os limites de segurança da OMS e isso pode estar relacionado à prática de mineração artesanal de ouro nesse rio.

A concentração de selénio na água doce em todo o mundo é de 0,2 µg/L (Wang, 1991). Na área de estudo, a concentração de selénio em algumas águas de poços é tão baixa como 0,01 µg/L.

O selénio parece ser um elemento essencial na nutrição humana. Faz parte da importante enzima biológica glutatião peroxidase (PHS - PX) que actua como antioxidante, prevenindo a degeneração dos tecidos. O selénio previne a toxicidade de vários outros metais, como a prata, o mercúrio, o cádmio e o chumbo [80]. O selénio, em níveis vestigiais, é essencial na dieta humana e animal e a sua deficiência tem sido alvo de muita atenção. Provoca sintomas como degeneração muscular, impedimento do crescimento, perturbações da fertilidade, anemia e doença hepática (Lag, 1984). A doença de Keshan e Kaschin - Beck, registada à escala regional na China, é causada por deficiência de Se. A dose diária recomendada de Se descrita por muitos investigadores e agências é de cerca de 35 µg por dia e doses superiores a 200 µg podem ser tóxicas (FDA, 1998). Outros investigadores (por exemplo, Fordyce et al., 2000; Yang e Xia, 1995) notaram um nível de deficiência (< 11 µg/g por dia) e um nível tóxico (> 900 µg/g por dia) para o selénio. De qualquer forma, o Se é um elemento que deveria ter um nível mínimo de orientação pela OMS.

O ferro e o magnésio situam-se acima do valor MAC, mas não há provas de efeitos adversos para a saúde especificamente atribuídos a estes elementos na água potável, e são de natureza mais estética (causam teste e odor indesejáveis à água) ou limitam a utilização da água para fins práticos.

5.2.1 Correlações bivariadas

O Cu e o Se apresentam semelhanças no padrão de distribuição e têm uma correlação positiva. A tendência entre o Cu e o Se pode ter origem na dissolução de minerais de sulfureto. O comportamento semelhante do Cu e do Se pode ser explicado pela sua semelhança geoquímica, que são elementos calcófilos (preferem ligar-se ao enxofre). A tendência entre Al e Fe também indica uma forte correlação positiva. Este facto pode ser interpretado como indicativo de uma fonte comum para estes elementos. O flúor apresenta uma correlação negativa com o bromo, o que pode indicar que têm origens diferentes (Apêndice C).

5.3 Geoquímica dos sedimentos da corrente

A acumulação de metais pesados nos sedimentos pode ser uma fonte secundária de poluição da água, uma vez alteradas as condições ambientais (Cheung, Poon, Lan e Wang, 2003). Por conseguinte, uma avaliação da contaminação por metais pesados nos sedimentos é uma ferramenta importante para avaliar o risco do ambiente hidrogeoquímico. As avaliações dos contaminantes metálicos na área são discutidas a seguir.

5.3.1 Avaliação de acordo com a Agência de Proteção Ambiental dos Estados Unidos (US EPA)

A contaminação química dos sedimentos foi avaliada por comparação com as directrizes de qualidade dos sedimentos propostas pela EPA dos EUA. Estes critérios são apresentados (Tabela 5.1). O Pb em todas as estações sob investigação pertence a sedimentos não poluídos, enquanto os elementos Cu, Ni e Mn são considerados como moderadamente poluídos e o Cr pertence mais ou menos a fortemente poluídos.

Quadro 5.1 Directrizes da EPA dos EUA para a qualidade dos sedimentos em comparação com o presente estudo - área de Asgeda.

Metal	Not polluted	Moderately polluted	Heavily polluted	Present study
Ag	-	-	-	1.1 – 5.3
Cu	<25	25 - 50	>50	11 - 75
Ni	<20	20 - 50	>50	18 - 65
Pb	<40	40 - 60	>60	1.1 – 5.3
Co	-	-	-	18 - 54
Cr	<25	25- 75	> 75	68.9 - 251
Mn	<300	300-500	>500	229- 1100

Capítulo 6

6. CONCLUSÃO E RECOMENDAÇÃO

6.1 Conclusão

As águas subterrâneas e superficiais em algumas zonas da área de estudo têm valores de Br, F, Al, As, Pb, U, Fe, Mg e NO3 que excedem as normas de orientação MAC para a água. O Br e o F são responsáveis por quase todos os valores elevados. A associação de F, Br e Cl é encontrada como indicador geoquímico de cancro do fígado em áreas como o Paraná-Brasil, China e Srilanka (Islam, Lahermo, Salmanin, Rojestaczer, peuroniami, 2000).

Os oligoelementos como o Cd, Cr, pb, Be e Tm, que têm efeitos graves para a saúde, não ultrapassam as normas de qualidade estabelecidas para a água potável. Apenas dois locais de amostragem estão acima do valor MAC para o As e estes podem não ser considerados como um grande problema na área. A partir do presente estudo, a qualidade da água é, portanto, melhor do que o esperado. As águas subterrâneas são geralmente fracamente ácidas a básicas e os iões dominantes são o Mg e o NO3.

É evidente que a saúde não está apenas relacionada com o excesso de oligoelementos na água potável, mas pode também estar relacionada com deficiências (por exemplo, Se). A maioria das análises de água e sedimentos de cursos de água efectuadas na área de estudo revelou valores de Se significativamente baixos em comparação com os valores mundiais para estes meios geoquímicos.

A acumulação de metais pesados nos sedimentos pode ser uma fonte secundária de poluição da água, uma vez alteradas as condições ambientais (Cheung, Poon, Lan e Wang, 2003). O Índice de Geo-acumulação (Igeo) de alguns metais pesados, como o crómio, o cobalto, o cobre e o chumbo, foi calculado para a qualidade dos sedimentos dos cursos de água na área de estudo e apresentou valores que vão de não poluídos a moderadamente poluídos.

5.2 Recomendação

É claramente necessário mais trabalho sobre os aspectos hidrogeoquímicos, uma vez que a hipótese de que os produtos químicos provenientes da água estejam implicados na doença é relativamente forte. Informações sobre a profundidade do poço, o padrão de fluxo das águas subterrâneas e informações geológicas mais pormenorizadas sobre as posições de amostragem permitiriam uma melhor compreensão do processo que rege a qualidade das águas subterrâneas na zona.

Alguns parâmetros das amostras de água, como o pH, o Eh, a condutividade eléctrica e a temperatura, foram melhor medidos em cada local de amostragem, durante a amostragem, devido à sua natureza instável.

Seria preferível recolher amostras de água e sedimentos nas estações seca e húmida do ano, uma vez que pode haver variações na concentração e na mobilidade dos metais pesados devido à queda de chuva e ao escoamento.

São necessários estudos mais pormenorizados, incluindo urina e sangue, para atribuir os efeitos causais da deficiência de selénio na saúde. Deve ser efectuado um levantamento geológico mais completo, incluindo o solo e a vegetação, para compreender melhor a fonte de poluição por oligoelementos na zona. Os constituintes químicos orgânicos e os organismos também têm de ser testados em todos os tipos de água da zona.

Por último, deveria ser melhor partilhar ideias e resultados de investigação entre os diferentes domínios de estudo (ou seja, geologia médica, antropologia médica, biomédica, etc.) que têm vindo a ser realizados na área de estudo.

REFERÊNCIAS

Abdeselam, M.G. & Stern, R.J., 1993. Evolução tectónica da sutura de Nakasib, colinas do Mar Vermelho, Sudão: Evidências do Ciclo de Wilson do Pré-Cambriano tardio. Journal of Geological Society London 150, 393- 404.

Almond, D.C., 1983. O conceito de Episódio Pan-Africano e da Faixa de Moçambique em relação à geologia da África Oriental e do Nordeste. Boletim da Faculdade de Ciências da Terra, Universidade Rei Abdul-Aziz, 71- 87.

Ashnti-Ezana, relatórios da joint-venture, 1998. Resumo da geologia e geoquímica da área de My Hanse, Tigray ocidental.

Asrat. A., 2001. A geologia pré-cambriana da Etiópia: uma revisão. African Geoscience Review 8, 271-288.

Berhe, S. M., 1990. Ophiolite in northeast and east Africa: implications for Protrozoic crustal grouth. Journal Geological Society of London 147, 41-57.

Beyth, M., 1971. The geology of central and western Tigray. Projeto de relatório do Ministério das Minas. EIGS, Addis Abeba.

Cheung, K. C., B.H.T. poon, C.Y. Lan e M.H. Wang, 2003. Avaliações das concentrações de metais e nutrientes na água do rio e nos sedimentos recolhidos nas cidades do delta do rio das Pérolas, sul da China. Chemosphere 52, 1431- 1440.

Davis, S. N., 1966. Hydrogeology, John wily and sons, inc., New-York, London- Sidney, 463P

Dissanayake, C. B., 1991. The fluoride problem in ground water of Srilanka environmental management and health. Intl J Environ Studies 38, 195 - 203.

Etiópia, 2002. Relatórios sobre as especificações das directrizes da Etiópia para a água potável, Adis Abeba.

Evan, RW. Stamm JW, 1991. Fluxose dentária após ajuste de fluoreto na água potável. J Public Health Dent 51, 91- 98.

Ezana, 1997. Estudos geofísicos sobre ouro e metais de base em My Hanse, Tigray ocidental.

Fergusson, JE., 1990. The Heavy Elements' Chemistry, Environmental Impact and Health. Pergamon Press, Oxford.

Fordyce, F. M, Zhang G, Green K e Liu X., 2000. Química do solo, dos grãos e da água em relação a doenças humanas sensíveis ao selénio no distrito de Enshi, China. Applied Geochemistry. Vol. 15. No. 1. pp 117 - 132.

FDA, 1998. Valor máximo recomendado de ingestão diária de vitaminas e minerais para humanos. Galagan, DJ. Lamson GG. (1953) Climate and endemic dental flourosis. Public Health Rep 68, 497-508.

Gass, I.G., 1981. Placa tectónica pan-africana (Protrozóico Superior) do Escudo Arábico-Nubiano. Pricambrian Plate Tectonics, Elsevier, Amesterdão, 387-405.

Horsefall, M. Splitt A. I., 1999 Especiação de metais pesados em sedimentos intertidais do sistema do rio Okik, estado do rio Nigéria. Bull. Chem. Soc. Eth 13(1), 1-9.

Imperial College London, 2009. Relatórios sobre a investigação da mortalidade relacionada com o fígado na zona de Shire, Tigray ocidental.

Islam, MR. Lahermo P. Salmanin R. Rojestaczer S. peuroniami V., 2000. Qualidade da água do lago e do resiorvior afetada pela lixiviação de metais do solo tropical do Srilanka. Environmental Geochemistry 39 (10), 31-35.

Kazmin, V., 1972. The geology of Ethiopia. Nota No.821-0610-12,208p.EIGS, Addis Ababa.

Komatina, M., 2001. Geoquímica das águas subterrâneas e poluição. Jornal de África, Ciências da Terra, Vol. 33(2), pp. 363-376.

Kretz, R. 1983. Symbolic for rock forming minerals, American Mineralogist, 68, 277-279.

Kroner, A., 1985. Ophiolites and the evolution of tectonic boundaries in the late Protrozoic Arabian-Nubian Shield of North East Africa and Arabia. Precambrian Research, 27, 277-300.

Kumma, J.S., 2004. 'Is ground water in the Tarkawa gold mining district of Ghana potable?', Environmental Geology, Vol. 45,pp. 391 -400.

Kuttle, 2004. Investigação Geomédica em relação ao registo geoquímico Imprensa da Universidade do Gana, Acra.

Lag, J.A., 1984. Comparações da deficiência de selénio na Escandinávia e na China. Ambio 13, 186-187.

Langmuir, G., 1997. Aqueous Environmental Geochemistry. Prentice Hall, Upper Saddle River New Jersey, pp. 600.

Liu, WW., 2005. O estudo da etiologia do cancro hepático hepatocítico. Shijie Huarne 7, 93-97.

Ministério do Abastecimento e Serviços do Canadá, 1996. Guideline for Canadian drinking Water Quality, Sexta Edição.

Muller, G., 1979. Metais pesados nos sedimentos do Reno - Alterações Siety. Umsch. Wiss. Teach 79, 778-783.

Agência Nacional de Serviços Meteorológicos (NMSA), 2008. Clima da Etiópia. Série vol. II n.º 2 Precipitação pp. 135.

Fundação Oásis da Etiópia, 2009. Materiais de ficheiro aberto sobre uma doença não identificada na zona noroeste de Tigray.

Ogola, J. S., 2002. Impact of gold mining on the environmental and human health. A case study in the Migori Gold Belt, Kenya, In. Env. Geochem. Heal. 24, 141- 158.

Quick, J.E., 1991. Transpiração protrozóica tardia no sistema de falhas de Nabitah, implicação para a montagem do Escudo Arábico. Precambrian research 53, 119147.

Reimold W. U., Koeberl C., e Bishop J. 1994. Cratera de impacto Roter Kamm, Namíbia: Geoquímica de rochas do subsolo e brechas. Geochimica et Cosmochimica Ata 58:2689-2710.

Santra, S.C., 2001. Environmental Science. Nova Agência Central do Livro. (P). Ltd, Calcutá, pp.944.

Shakelton, R.M., 1994. Revisão das suturas protrozóicas tardias, melanges ofiolíticas e tectónica do Egipto oriental e do nordeste do Sudão. Rundesh 19, 329-349.

Smith, B., 2000. A bioacessibilidade de oligoelementos essenciais e potencialmente tóxicos em solos tropicais do distrito de Mukono, Uganda. Geological Society of London Spatial Publication Part 5.

Stern, 1994. O conceito de Orogenia Pan-Africana e da Faixa do Escudo Núbio Arábico em relação à geologia do leste e nordeste de África. Investigação pré-cambriana.

Tadesse, T., 1997. Geologia do lençol de Axum. Tigray central e ocidental. Memória n.º 9. Instituto Etíope de Pesquisa Geológica - material de ficheiros abertos.

Taylor, S. R. e Mclennan, S. M. 1985. A Crista Continental: Its Composition and Evolution. Blackwell, Oxford, 312pp.

Thomas I.L., Haukka M.T., 1978. Determinação por XRF de elementos vestigiais e principais utilizando um disco de fusão simples. Chem. geol. 21: 39-50.

Gabinete de Saúde de Tigray, 2009. Materiais de ficheiro aberto sobre doença não identificada na zona noroeste de Tigray.

Turkian e Wedpohl, 1961. Valor geoquímico de fundo mundial em xisto médio para metais em sedimentos de cursos de água

EPA DOS EUA, 2001. Regulamentos nacionais sobre água potável primária. EPA 816-F-01-007 Agência de Proteção Ambiental dos Estados Unidos.

Vial, V.R., 1983. Acreção crustal pan-africana no nordeste de África. Ciências da Terra 1, 285-294.

OMS, 2004. Directrizes para a qualidade da água potável. Genebra, Organização Mundial de Saúde.

Wang, ZQ., 1991. Relação entre fontes de água potável, melhoria da qualidade da água e mortalidade por cancro gástrico num país em mudança. World J Gastroentro 4:45.

Yang, G. Xia, YM., 1995. Estudo sobre as necessidades alimentares humanas e o intervalo seguro de ingestão diária de selénio na China e sua aplicação na prevenção de doenças endémicas relacionadas. Biomed Environ Sci 8: 187-201.

Fontes da Web

http://www.bgs.ac.uk.dfid-kar-gscience/summaries.html

http://home.swipnet.se/medicalgeology

http://www.unu.edu/env/arsenic/Dhaka

http://www.unizh.ch/amicroeco/uni/kurs/mikock/results/projectz/arsenihtml

APÊNDICES

Apêndice A: Análise química de oligoelementos de amostras de água

No	Al (μg/l)	As (μg/l)	Pb (μg/l)	Fe (μg/l)	Cd (μg/l)	Tm (μg/l)	Ni (μg/l)	Co (μg/l)	Se (μg/l)	U (μg/l)	B (μg/l)
1	<0.01	<0.01	<0.01	10	0.087	0.021	<0.01	0.321	0.53	0.066	4.0
2	2.5	2.8	0.21	78	0.029	0.023	<0.01	0.098	2.13	0.106	44.3
3	<0.01	<0.01	<0.01	306	0.158	0.022	0.015	0.245	<0.01	1.288	7.5
4	2.5	2.8	0.21	78	0.207	0.021	<0.01	0.209	0.96	0.702	10.7
5	<0.01	<0.01	<0.01	<0.01	0.168	0.029	<0.01	0.255	<0.01	4.363	10.9
6	<0.01	<0.01	<0.01	1939	0.150	0.026	0.097	0.558	<0.01	0.050	14.7
7	553	<0.01	24.16	370	0.121	0.026	<0.01	0.178	<0.01	1.318	9.0
8	127	<0.01	<0.01	99	0.083	0.022	0.025	0.182	4.26	0.173	165.3
9	155	<0.01	<0.01	16	0.091	0.021	0.012	0.171	3.36	0.349	117.2
10	36	23.7	<0.01	37	0.080	0.032	0.255	0.123	4.06	0.633	23.0
11	<0.01	20.2	<0.01	383	0.078	0.021	0.156	0.125	<0.01	1.321	14.5
12	313	<0.01	<0.01	<0.01	0.089	0.021	0.114	0.227	3.34	0.433	18.1
13	<0.01	<0.01	<0.01	26	0.077	0.022	<0.01	0.237	4.37	0.765	54.2
14	3	<0.01	<0.01	197	0.087	0.027	<0.01	0.273	3.48	1.885	<0.01
15	113	<0.01	<0.01	20	0.105	0.025	0.003	0.160	0.21	0.071	17.9
16	<0.01	<0.01	<0.01	990	0.073	0.023	<0.01	0.406	4.60	0.144	55.3
17	42	<0.01	<0.01	77	0.092	0.020	<0.01	0.178	4.70	1.056	50.7
18	46	<0.01	<0.01	27	0.068	0.020	0.027	0.296	4.70	1.975	<0.01
19	17	<0.01	<0.07	5	0.101	0.021	0.011	0.249	6.85	0.507	19.0
20	<0.01	<0.01	<0.01		0.101	0.021	<0.01	0.249	13.99	0.507	19.0

No	Ba (μg/l)	Be (μg/l)	Ce (μg/l)	Cs (μg/l)	Sm (μg/l)	Rb (μg/l)	Sr (μg/l)	Ag (μg/l)	Cu (μg/l)	Zn (μg/l)
1	44	0.051	0.034	0.27	0.026	0.89	4338	<0.01	0.41	13.53
2	23	0.027	0.033	0.21	0.027	0.85	115	<0.01	0.85	4.84
3	167	0.031	0.192	1.60	0.050	1.06	1434	<0.01	0.21	1.31
4	68	0.024	0.029	2.60	0.022	0.17	1597	<0.01	0.36	11.78
5	67	0.076	1.660	1.93	0.212	1.23	1488	0.27	0.97	11.94
6	56	0.044	0.274	1.32	0.060	2.23	292	<0.01	0.22	5.33
7	83	0.043	0.742	1.16	0.107	0.30	524	<0.01	0.69	1.24
8	118	0.027	0.245	0.87	0.046	4.86	302	<0.01	0.96	2.88
9	68	0.022	0.068	0.60	0.030	1.26	307	<0.01	0.54	0.24
10	14	0.039	1.953	0.54	0.295	0.49	87	<0.01	1.70	0.52
11	59	0.023	0.010	2.80	0.023	0.59	420	<0.01	0.66	<0.01
12	97	0.024	0.123	1.03	0.039	1.23	527	<0.01	1.55	<0.01
13	82	0.027	0.148	1.06	0.047	1.11	503	1.69	1.35	6.10
14	77	0.026	0.079	1.48	0.043	0.88	716	<0.01	0.99	<0.01
15	10	0.026	0.120	1.23	0.040	0.52	178	<0.01	0.07	<0.01
16	73	0.027	0.261	0.82	0.050	0.92	444	<0.01	0.75	6.03
17	40	0.021	0.064	0.85	0.029	0.68	601	<0.01	0.86	1.77
18	81	0.020	0.051	1.59	0.028	0.55	843	<0.01	0.65	<0.01
19	105	0.021	0.206	0.80	0.049	0.97	703	0.35	1.58	3.39
20	81	0.021	0.206	0.80	0.043	0.49	87	0.30	1.35	0.52

Apêndice B: Análise química dos iões principais e tipo de água

Sample No	F	Br	NO$_3$	SO$_4$	HCO$_3$	K	Na	Ca	Mg	Water type
AT -01	0.3737	0.4743	0.3595	435.3391	299.8	1.3154	23.1404	252.8269	7.5592	Ca-SO$_4$-Cl-HNO$_3$
AT -03	0.01	0.883	51.3786	13.3591	278.75	3.9794	7.5569	29.6082	93.5829	Mg-HNO$_3$-Cl
AT -05	0.6964	0.1067	24.5498	22.7953	872.00	2.3244	77.1731	112.5096	30.9147	Sr-Na- HCO$_3$
AT- 06	1.0424	0.2695	8.8919	46.0297	616.00	2.664	128.897	90.3463	47.5582	Ca-Na-Mg- HCO$_3$
AT -07	3.5244	0.4623	0.198	182.4118	740.18	3.5602	166.7217	60.4901	41.0573	Na- HCO$_3$-Cl- SO$_4$
AT -08	0.2506	0.2031	0.0069	58.8343	538.34	8.3995	24.2788	36.4384	16.9719	Ca-Mg-Na- HCO$_3$-Cl-SO$_4$
AT -09	0.7904	0.3267	1.0275	150.7578	116.32	3.2922	75.1462	42.7848	20.1805	Na-Ca- HCO$_3$-Cl- SO$_4$
AT -10	0.01	0.9031	34.5338	16.3117	191.96	4.7115	13.3544	36.8005	126.7885	Mg-Ca
AT -11	0.3396	0.9303	18.7139	21.5874	0.17	5.5722	35.1257	45.7797	103.3873	Mg-Ca-Na
AT -12	0.01	1.3663	0.5617	159.1126	55.63	1.4776	112.6191	8.8124	87.104	Mg-Na- HCO$_3$-Cl
AT -13	0.747	0.2089	1.6022	45.8517	718.71	4.0057	49.7108	39.4576	28.872	Mg-Na-Ca-Cl- HCO$_3$
AT -14	0.7309	0.9971	0.4488	226.5273	260.06	3.2033	78.7514	97.5354	54.7073	Ca-Na- SO$_4$-HCO$_3$-Cl
AT -15	0.4872	1.4755	2.4962	116.0967	263.07	2.2248	60.328	58.4001	75.0533	Mg-Ca-Na- HCO$_3$ -Cl-SO$_4$
AT -16	1.2021	0.941	14.6134	145.5691	261.66	5.984	108.8469	106.7415	53.5304	Ca-Na-Mg-HCO$_3$-Cl
AT -17	16.4932	0.506	0.2541	1.1178	681.86	1.5381	47.1395	11.0219	68.832	Mg-Cl- HCO$_3$
AT -18	0.3493	0.6147	1.6146	105.3168	335.43	4.5565	52.6247	43.4327	91.0991	Mg-Cl- HCO$_3$
AT - 19	0.3512	0.5082	1.7603	104.8366	316.93	4.5399	52.5605	43.365	91.0324	Mg-Na-Cl
AT -20	0.6599	1.0503	51.752	140.3853	62.12 648.16	1.8192	134.5995	110.9888	36.0528	Na-ca-Cl- HCO$_3$

Apêndice C: Matriz de correlação, todos os poços

A correlação mais forte do que 0,5 é assinalada com uma marca ligeira e a correlação mais forte do que 0,8 é assinalada com uma marca mais escura.

Correlation coefficient

	Al	As	Pb	Rb	Cd	Cs	Sr	Ag	Cu	Ni	Zn	Fe	Na	K	Ca	Mg	F	Br	B	NO3	SO4	HCO3
Al	1	1	1	5.10E-02	0.537	0.844	-0.207	-0.358	0.123	8.40E-02	0.556	0.789	0.797	-0.2	1.70E-03	-1.70E-02	-2.10E-02	2.80E-02	-0.167	-0.241	0.404	0.247
As		1	0	1	-0.934	-0.114	[illegible]	0	[illegible]	1	-0.495	[illegible]	[illegible]	-0.777	-1	0.998	0	-1	[illegible]	1	-1	-1
Pb			1	0.847	0.778	0.25	-0.337	-1	-9.30E-02	0	[illegible]	1	0.945	-0.636	[illegible]	-0.114	0.995	0.342	-0.454	0.997	[illegible]	9.40E-02
Rb				1	4.90E-02	-0.234	3.30E-02	7.00E-03	-4.70E-02	-0.326	3.50E-02	0.116	-0.334	0.66	-5.00E-02	-0.227	-0.23	-8.80E-02	-7.50E-03	-0.172	-1.80E-02	-0.427
Cd					1	0.303	7.00E-03	-0.699	-0.314	6.60E-02	0.39	0.679	0.459	1.80E-02	0.125	-0.304	0.101	-0.428	-0.17	-0.311	-5.20E-03	0.285
Cs						1	-0.163	-0.333	-0.121	8.70E-02	0.217	0.569	0.597	-0.132	-0.143	-0.234	3.10E-02	-0.314	-0.18	-0.219	-0.226	0.374
Sr							1	-0.468	0.391	5.00E-02	-9.60E-02	-0.109	9.80E-02	0.268	0.897	-0.236	-0.137	-0.287	-6.70E-02	-0.156	0.728	0.468
Ag								1	0.177	0	-0.243	-0.482	-0.728	-0.761	-1	0.921	-1	1	0.979	1	-1	-0.817
Cu									1	0.159	-0.242	-0.125	0.259	-5.80E-03	-0.127	0.269	-0.363	0.752	-4.40E-02	-9.70E-02	0.273	0.3
Ni										1	-0.294	-0.315	9.60E-03	-0.186	5.10E-02	0.257	0.471	0.28	-0.299	0.21	-0.155	3.40E-02
Zn											1	0.466	0.266	-0.246	0.59	-0.42	0.442	-0.243	0.13	-0.264	0.536	0.138
Fe												1	0.477	-0.147	-0.251	-7.10E-02	0.52	-0.248	-0.15	-0.3	-7.40E-02	0.11
Na													1	-0.268	0.108	-0.222	-2.60E-02	7.30E-02	-9.10E-02	-7.60E-02	0.182	0.719
K														1	-0.344	-2.10E-02	-0.319	-0.203	0.104	-2.20E-02	-0.331	-0.219
Ca															1	-0.527	-0.32	-8.50E-02	-9.00E-02	1.10E-02	0.774	0.232
Mg																1	0.147	0.564	0.195	0.232	-0.42	-6.50E-02
F																	1	-8.60E-02	-0.124	-0.177	-0.278	5.10E-02
Br																		1	-2.50E-02	0.236	0.119	0.109
B																			1	-0.146	8.00E-02	-0.117
NO3																				1	-0.347	0.264
SO4																					1	4.90E-02
HCO3																						1

Apêndice D: Composição modal (vol. %) e principais características petrográficas das rochas

Rack type	Petrographic description
• Feldspar – Sericite Schite Sri (39), Fs (22), Ep (16), Chl (15), Qtz (5) Acc (3)	• Gray with pale greenish yellow tint in color and fine grained in texture. Discontinuous like veins of quartz, feldspar, and opaque minerals is observed along the thin section.
• Quartz – Biotite Schist Bt (32), Qtz (30), St (15) Fs (10), Grt (6), Chl (2)	• Gray in color and fine grained in texture; large crystals of starolite and garnet are seen as porpyroblasts over a schistosed matrix. Veins of quartz are observed along the section.
• Quartz –Graphite schist Gr (50), Qtz (30), Bt (15) Fs (5)	• Dark gray in color and fine grained in texture; intensive recrystalised and lens like veins of quartz are seen on the schistose matrix. Feldspar is altered to sericite.
• Chlorite – Talc Schist Tic (42), Chl (32), Cal (170) Fs (5), Qtz (2), Acc (2)	• Light gray with faint greenish tint in color and fine grained in texture. Matrix is mainly composed of platy talc, chlorite and xenoblastic calcite which have strong parallel alignment.
• Graphite – muscovite Schist Ms (25), Gr (20), Qtz (18), Bt (13), Sri (12), Fs (10)	• Gray in color and fine grained in texture; veins field by feldspar and quartz are crossing in the matrix. Biotite is replaced by muscovite and quartz is recrystalized.
• Biotite – Hornblende Granite K-fs (23), Pl (20), Qtz (15), Hbl (12), Bt (10), Ep (7), Spn (5), Chl (3), Acc (3)	• Pink and white with black spots in color and very coarse to medium graned in texture; k – feldspar is sericitized and hornblende is replaced by chlorite.

As abreviaturas dos minerais estão de acordo com Kertz (1983). Qtz = Quartzo, Bt = Biotite, Ms = Moscovite, Gr = Grafite, Tic = Talco, Chl = Clorite, Sri = Sericite, Fs=Feldspato, Hbl= Hornblenda, Acc =

acessórios.

Apêndice E: A ocorrência de algumas doenças e os seus possíveis contaminantes. Parâmetros seleccionados no ambiente geoquímico (águas superficiais e subterrâneas) sobre a ocorrência de algumas doenças e a sua possível fonte de contaminantes.

Parameters	MAC (μg/l), WHO, EU and Canadian	Potential health effects		Source of contaminants
		Deficiency	Abundance	
As	10	-Insufficient hair growth -Spleen enlargement	- Skin cancer - Tumours of bladder, kidney, liver and lungs.	-Natural deposit, electronic waste.
Pb	10		- Kidney, liver, heart and nervous system damage.	- Natural and industrial deposits.
Se	10	- Breast, gastrointestinal and skin cancer. -Liver damage and heart muscle disorder	- Hair and nail loss - Nervous disorder	-Natural deposit, mining, smelting and coal combustion
Tm	10		- Kidney, liver, brain and intestinal effects	-Electronic, drug and alloy
Br	10		- Malfunctioning of nervous system - Liver, kidney, lung and thyroid gland damage.	- Natural deposit
Cr	50	- Diabetes	- Liver, kidney and circulatory system disorders - Lung cancer	-Natural deposit, mining electroplating.
Cu	1000	- Anemia	- Gastrointestinal irritation	Natural/industrial deposit,wood preservation

Al	100		- Kidney and liver damage - dementia, colic and esophagitis	- Natural/industrial deposits
F	1500	- developmental defects of bone and teeth	- Dental and skeletal flourosis	-Natural deposits
NO$_3$	45000		-Meta-moglobulinemia	- Animal waste, fertilizerand natural deposit
Cd	10	- Growth reduction	- Kidney effects - cancer of prostate	- Natural deposit -galvanized pipe corrosion

More
Books!

info@omniscriptum.com
www.omniscriptum.com
OMNIScriptum

Printed by Books on Demand GmbH, Norderstedt / Germany